AF305838

LE PLATEAU DE LANNEMEZAN

ET LES

ALLUVIONS ANCIENNES

DES HAUTES VALLÉES DE LA GARONNE ET DE LA NESTE

PAR

Marcellin BOULE

La bordure nord des Pyrénées centrales est formée par de vastes étendues de terrains détritiques, disposés en plateaux, et d'où rayonnent, en éventail, de nombreux cours d'eau, affluents plus ou moins directs de la Garonne. Le plus important de ces plateaux, celui de Lannemezan, attire immédiatement, par sa configuration régulière, l'attention du géographe qui jette un coup d'œil sur une carte du Midi de la France.

Au point de vue géologique ces plateaux sont fort mal connus, malgré les travaux de plusieurs savants, en particulier de Leymerie, Garrigou, Cézanne[1]. Penck n'en a parlé qu'en passant dans sa belle étude sur les glaciers anciens des Pyrénées.

Depuis longtemps, je désirais acquérir des notions plus précises sur le plateau de Lannemezan ainsi que sur les terrains pléistocènes des Pyrénées, que j'avais eu plusieurs fois l'occasion de voir en faisant des courses paléontologiques dans les cavernes.

M. Michel Lévy ayant bien voulu me confier le soin d'étudier les terrains post-oligocènes des feuilles de Tarbes et de Saint-Gaudens et d'en tracer les contours, j'ai fait cette année une première campagne[2]. Il m'a semblé qu'il y avait quelque intérêt à en publier les résultats, sauf à modifier plus tard ces premières données dans une étude moins incomplète.

---

[1] Dans ce travail préliminaire, je ne m'attacherai pas à faire la bibliographie complète du sujet. J'aurai toutefois l'occasion de citer les mémoires les plus importants.

[2] Mon ami M. Cartailhac a été pour moi un compagnon de courses aussi aimable qu'érudit.

Le plateau de Lannemezan (fig. 1) est limité à l'ouest par la vallée de l'Arros, à l'est par la Neste et la Garonne Il a la forme d'un triangle, dont le sommet le plus élevé, tourné vers le sud, marque l'origine même du plateau, tandis que la base opposée, tout à fait fictive, se relie insensiblement aux collines tertiaires du Gers et de la Haute-Garonne.

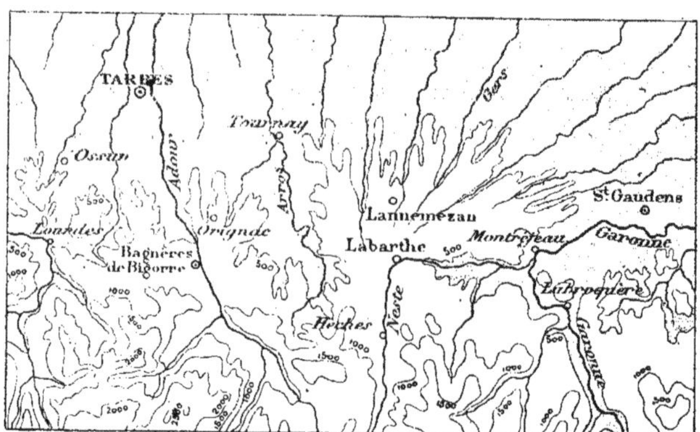

Fig. 1. — Le Plateau de Lannemezan, d'après la carte hypsométrique des Pyrénées de MM. Schrader et de Margerie, au 800.000e. Courbes de niveau équidistantes de 500 mètres. La région au-dessous de 500 m. est recouverte d'un grisé.

Un simple voyage en chemin de fer, sur la ligne de Montréjeau à Tarbes, permet de constater que la surface du plateau est recouverte de gros cailloux roulés et que des eaux torrentielles ont dû jouer un rôle important dans la formation de cette topographie si régulière.

Pour cette raison, j'ai cru devoir étudier d'abord les alluvions anciennes qui se présentent à des niveaux moins élevés dans les grandes vallées de la Garonne et de la Neste. C'est d'ailleurs dans ces profondes coupures que j'avais le plus de chances de pouvoir observer le substratum du plateau.

Je suivrai, dans cet exposé, la méthode que j'ai suivie sur le terrain et je parlerai d'abord des terrasses alluviales des vallées de la Garonne et de la Neste.

I.

ALLUVIONS ANCIENNES DES VALLÉES DE LA GARONNE ET DE LA NESTE

Le phénomène des terrasses alluviales est particulièrement net dans la vallée de la Garonne. Bien développé aux environs de Toulouse, où les travaux de

Noulet[1] et de Leymerie[2] l'ont rendu classique, il se poursuit en amont jusqu'au point où le fleuve et son affluent, la Neste, sortent de la région montagneuse pour entrer dans celle des coteaux et des plaines. Leymerie a montré que, dans la vallée de la Garonne, au-dessus de la « basse plaine » où coule le fleuve, on distingue deux terrasses étagées sur les flancs de la vallée, tandis que le sommet des plateaux est couronné par une formation alluviale connue sous le nom de *diluvium des plateaux* et désignée sur les cartes géologiques par la lettre P. Aux environs de Toulouse, ces terrasses sont situées, l'une à 12 m. l'autre à 28 m. au-dessus de la basse plaine.

Cette disposition n'est pas absolument régulière. Parfois la terrasse inférieure se divise en deux gradins ou terrasses secondaires, qu'on peut observer, par exemple, aux environs de Martres ou de Cazères, le fleuve coulant alors dans un encaissement pratiqué dans la basse plaine. Leymerie a fait entrer le gradin inférieur dans ses alluvions et dépôts de comblement du fond des vallées. Moi-même je ne crois pas utile de séparer, pour le moment, ces deux terrasses inférieures, dont les caractères physiques sont à peu près identiques et qui se ratta-chent certainement à une même époque géologique, mais il était bon de faire la distinction. La hauteur du gradin inférieur au-dessus du niveau du fleuve peut atteindre 15 mètres, ce qui augmente d'autant l'altitude relative de la terrasse que je qualifie d'inférieure pour suivre l'exemple de Leymerie.

Par contre, la hauteur de la terrasse supérieure, au-dessus de l'inférieure, m'a paru à peu près constante. Les profils longitudinaux des deux terrasses sont sensiblement parallèles, au moins sur de grandes étendues[3].

Les caractères physiques et pétrographiques des formations alluviales étant suffisamment connus dans le pays toulousain par les travaux de Leymerie, j'ai cherché à retrouver les terrasses dans la région qui touche aux montagnes et à les suivre en amont aussi loin que possible.

Comme aux environs de Toulouse, et à quelques mètres près, elles conservent ici la même altitude relativement au fond de la vallée. C'est ainsi qu'à Saint-Gaudens, à 15 kilom. environ du confluent de la Garonne et de la Neste, le fleuve coule à la cote 354, la terrasse inférieure est à 372 et la terrasse supérieure, sur laquelle est bâtie la ville de Saint-Gaudens, à la cote 410, ce qui nous donne, comme chiffres différentiels, 18 mètres et 56 mètres. Dans la vallée de la Neste, en amont du confluent, on arrive à trouver des différences de 60 m. pour la ter-rasse supérieure. En prenant une moyenne entre les nombres fournis par cette

---

[1] J.-B. NOULET. — Note sur les dépôts pléistocènes des vallées sous-pyrénéennes et sur les fossiles qui en ont été retirés (*Mém. Acad. des Sciences de Toulouse*, 4e série, t. IV, p. 125, 1854).

[2] LEYMERIE. — Du phénomène diluvien dans la vallée de la Haute-Garonne (*Bull. Soc. géol.*, t. XII, p. 1299, 1855). — Éléments de géologie, 1878, p. 510. — Description géologique et paléontologique des Pyrénées de la Haute-Garonne, 1881, p. 861, etc.

[3] Je dis *sensiblement* parce qu'un parallélisme rigoureux est peu probable. Il m'a sem-blé aussi qu'entre deux confluents importants, le régime des terrasses pouvait présenter quelques modifications. Pour arriver à éclairer ces diverses questions, il faudrait disposer de cartes supérieures, comme nivellement, à celles que nous possédons en France.

région et ceux des environs de Toulouse, on peut, pour faciliter le langage et le rendre plus précis, désigner la plaine alluviale inférieure par l'expression de terrasse de 15 mètres et la plaine supérieure par celle de terrasse de 50 mètres. Je les décrirai successivement dans les portions de vallées comprises entre Saint-Gaudens et leur point d'origine.

1. TERRASSE INFÉRIEURE OU TERRASSE DE 15 MÈTRES (a^{1-b}).

Description. — A Saint Gaudens, la terrasse inférieure se dessine nettement sur la rive gauche de la Garonne où elle supporte la station de chemin de fer. Elle se trahit de loin par un ressaut de terrain bien marqué sur la carte de l'état-major : on peut la suivre jusqu'à Valentine (fig. 2).

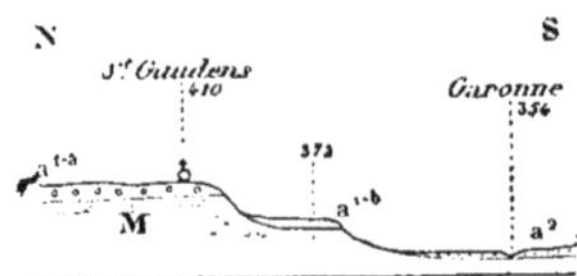

Fig. 2. — Terrasse supérieure a^{1-a} et terrasse inférieure a^{1-b} de Saint-Gaudens.

Entre cette localité et Montréjeau, le fleuve coule dans une plaine large de 5 kilom. et formée d'une nappe de cailloux roulés disposée en pente douce des bords de la plaine vers le thalweg, ce qui revient à dire que la terrasse est mal accusée au point de vue topographique.

On la retrouve avant d'arriver à Montréjeau, c'est-à-dire près du confluent de la Neste et de la Garonne. Sur la rive droite, elle fait place à des formations glaciaires sur lesquelles je reviendrai tout à l'heure. De l'autre côté elle se poursuit sans interruption dans la vallée de la Neste où elle règne bientôt sur les deux rives, à l'état de lambeaux découpés par de petits affluents, jusque vers les moraines d'Arreau et de Sarrancolin.

Les tranchées du chemin de fer ou des routes et diverses carrières (Saint-Gaudens, Valentine, Montréjeau, Saint Laurent-de-Neste, etc.) favorisent l'étude de la terrasse inférieure. C'est une alluvion formée surtout de cailloux roulés, que recouvrent quelques décimètres de terre végétale. La grosseur moyenne de ces cailloux peut être comparée à celle d'une tête humaine. Les graviers et les sables n'entrent que pour une faible part dans la composition de cette alluvion ; je n'y ai pas remarqué ces alternances de dépôts grossiers et de dépôts plus fins qu'on observe souvent dans les formations de ce genre. La masse des cailloux roulés est à peu près uniforme. Sa couleur est grise ou jaunâtre ; elle n'a jamais les tons ferrugineux qui caractérisent les alluvions plus anciennes. Les roches les plus abondantes sont : des quartzites, des granites, des granulites, des schistes et des calcaires. L'ophite, très répandue aux environs de Toulouse, est ici très rare.

Les granulites sont souvent intactes, les granites ont subi généralement une altération plus ou moins profonde. La plupart des galets de quartzite sont fortement patinés ; nous verrons plus tard qu'ils proviennent en grande partie d'alluvions plus anciennes.

Origine de la terrasse inférieure ; ses relations avec les moraines de Labroquère. — Je dois entrer dans quelques détails au sujet d'un fait qui, à ma connaissance, n'a pas été décrit jusqu'à ce jour d'une manière précise dans les Pyrénées.

Dans ces dernières années, les travaux de plusieurs géologues de langue allemande, de MM. Penck, Brückner et Du Pasquier notamment[1] ont montré les rapports intimes qui lient les formations alluviales des terrasses (*alluvions fluvio-glaciaires*) et les formations glaciaires. Ils ont fait voir que le passage des unes aux autres a lieu par l'intermédiaire d'un *cône de transition*, ou plan incliné descendant des moraines et se reliant insensiblement à la terrasse correspondante, tandis qu'en arrière de l'*amphithéâtre morainique*, c'est à dire en amont, se trouve une région intérieure en cuvette, souvent occupée par un lac et nommée *dépression centrale*. Voici, d'après MM. Penck, Brückner et Du Pasquier[2] le profil normal et longitudinal d'un tel « complexe glaciaire et fluvio-glaciaire » (fig.3).

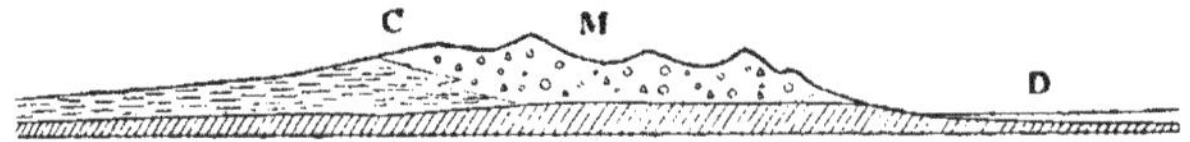

Fig. 3. — Complexe glaciaire et fluvio-glaciaire.

M, moraine terminale ;
C, cône de transition formant l'origine de l'alluvion des basses terrasses ;
D, dépression centrale.

Une pareille relation se montre, de la façon la plus claire, entre la terrasse inférieure de la vallée de la Garonne et le beau rempart morainique de Labroquère et de Tibiran.

La voie ferrée de Luchon, orientée dans le sens voulu, permet de s'en rendre compte. La station de Montréjeau et le séminaire de Polignan sont bâtis sur la terrasse inférieure bien caractérisée. Or, celle-ci n'est pas horizontale. Le chemin de fer s'élève graduellement de la cote 420 à la cote 440 sur un parcours de 2500 à 3000 mètres. En même temps l'alluvion prend un aspect particulier : la stratification en est plus confuse ; les blocs deviennent plus volumineux et présentent parfois des formes polyédriques aux arêtes émoussées. Ces caractères rappellent ceux des alluvions fluvio-glaciaires décrites dans les Alpes et annon-

[1] Je signalerai surtout le guide publié, à l'occasion du Congrès géologique de Zurich, par MM. Penck, Brückner et Du Pasquier, sous le titre : *Le système glaciaire des Alpes*. Cette brochure, d'une rédaction très claire, aura pour effet de vulgariser en France des études qui y étaient jusqu'à ce jour trop peu connues.
[2] *Loc. cit.*

cent le voisinage de véritables moraines. En effet, la rampe s'accentue et dans
les prairies de Bazerd, on peut observer des blocs erratiques en granite por-
phyroïde de l'Oo. Le passage est ensuite barré par la colline de Seillan qui est une
moraine. La base de la colline, à l'endroit où elle est coupée par le chemin de
fer, a 472 m. d'altitude ; la tranchée facilite l'étude de la boue glaciaire, des blocs
erratiques et la récolte des cailloux striés. De ce point, on a un coup d'œil magni-
fique sur les paysages morainiques des environs de Labroquère. Le chemin de
fer descend ensuite par une rampe rapide pour arriver dans la *dépression centrale*, occupant ici, comme dans les Alpes, un certain espace situé immédiatement en arrière des moraines frontales.

Actuellement, cette dépression n'est pas bien accusée, mais nous avons des
documents qui nous permettent d'établir qu'elle a été comblée par les dépôts
d'un lac post-glaciaire. Ces dépôts consistent en épaisses couches de vases argi-
leuses. Un sondage pratiqué près de Loures, sur une profondeur de 24 m. n'est
pas sorti de ces argiles ; le fond du sondage est à une cote moins élevée que le
niveau de la Garonne actuelle à Montréjeau, c'est-à-dire à dix kilomètres en
aval. Ce renseignement a été publié par un fonctionnaire qui était attaché au
service de la construction du chemin de fer, M. J. Alem[1].

Les détails que je viens de donner sont résumés dans les coupes fig. 2 et 7 de
la pl. IV. La coupe fig. 1 de la même planche est beaucoup plus précise. Elle est
pratiquée suivant le chemin de fer de Montréjeau à Loures. Je l'ai dressée au
moyen d'un profil en long de la voie que M. Roques, ingénieur principal de la
Compagnie du Midi, a bien voulu me communiquer et pour lequel je suis heureux de lui adresser mes remerciements.

**Age de la terrasse inférieure et de la dernière période glaciaire
dans les Pyrénées.** — L'âge de la terrasse inférieure de la vallée de la Garonne et, par suite, de la dernière période glaciaire dans les Pyrénées, est établi
par toute une série de découvertes paléontologiques. Cette terrasse représente,
en dehors des grottes et du loess, le gisement normal de l'*Elephas primigenius*.
On a trouvé des dents de ce Proboscidien sur plusieurs points du sous-sol de la
ville même de Toulouse, ainsi qu'à Lalande, à Guillemery, sur la route de Cas-
tres, à Grenade, à Capens, à Stanlens au sud de Muret, à Pinsaguel près Portet,
etc.[2] On pourrait citer des gisements analogues dans des vallées voisines occu-
pées par des affluents de la Garonne, notamment dans celles du Tarn et du
Gers.

On a même rencontré des bois de Renne, vers le point de jonction de la terrasse et des moraines de Labroquère, au col de Bazerd[3]. Magnan, se basant sur
l'altitude des dépôts où fut faite cette découverte, crut pouvoir les rapprocher

---

[1] *Bull. Soc. d'hist. nat. de Toulouse.* 6e année, 1871-72, p. 236.
[2] Voy. NOULET, *Mém. Acad. des Sciences de Toulouse.* 4e série, t. IV, 1851, p. 125. M. Cartailhac m'a fourni quelques renseignements.
[3] ALEM et MAGNAN, *Bull. Soc. hist. nat. de Toulouse,* 6e année, 1871-72, p. 236.

de ceux de la terrasse supérieure de la Garonne. Après ce qui précède, il me paraît inutile de réfuter cette opinion.

Ainsi, l'âge de la dernière grande extension glaciaire dans les Pyrénées est le même que dans les autres régions de l'Europe où cet âge a pu être établi. C'est l'époque où régnait la faune du Mammouth, avec le Rhinocéros à narines cloisonnées, l'Ours des cavernes, etc.

Cette époque est nettement antérieure à ce que les préhistoriens appellent l'âge du Renne, lequel est marqué par une faune assez différente de celle du Mammouth et par une civilisation humaine toute spéciale. Après mon étude du gisement paléolithique du Schweizersbild près de Schaffouse [1], j'avais cru pouvoir affirmer que les mêmes relations s'observaient dans les vallées de la Suisse et que dans ce pays, comme en France, l'époque du Renne a été postérieure à la dernière extension glaciaire. J'ai lieu de croire que cette manière de voir n'a pas été adoptée par tous les savants spécialistes qui ont visité le Schweizersbild et qui, se basant sur certains gisements de l'Allemagne du Nord, d'ailleurs fort obscurs au point de vue stratigraphique, considèrent la faune de l'âge du Renne comme interglaciaire [2]. M. Steinmann [3] vient de publier une note à l'appui de cette opinion. Il n'est donc pas inutile d'établir, une fois de plus, que dans les Pyrénées, où le fait se présente sans aucune ambiguïté, les gisements de l'époque du Renne sont plus récents que les dépôts morainiques de la dernière période glaciaire. Nous connaissons, en effet, un certain nombre de grottes qui ont été habitées par l'homme à l'âge du Renne et qui, au moment où les glaciers édifiaient leurs moraines frontales, étaient ensevelies sous la glace. Je citerai, par exemple, la grotte de la Vache, près de Tarascon, décrite par M. Garrigou [4]. Elle est située dans la vallée de Vic-Dessos, à 100 mètres en contre-bas de la ligne des blocs erratiques et à plus de 20 kilomètres en deçà des moraines de Foix. La grotte de Lourdes, fouillée par divers savants et notamment par M. A. Milne Edwards [5] s'ouvre au milieu de rochers tout sillonnés de stries glaciaires. La grotte d'Izeste, près d'Arudy, dans la vallée d'Ossau, se trouve au milieu d'un appareil morainique de la plus grande fraîcheur. Enfin, d'après mon ami M. Cartailhac, dont la compétence en la matière est bien connue, la grotte de Saint-Mamet, près de Luchon, appartient à la fin de l'âge du Renne. Or, à l'époque où le glacier de la Garonne édifiait les moraines de Labroquère, la grotte de Saint-Mamet était enfouie sous une couche de glaces et de névés de 850 m. d'épaisseur [6] !

---

[1] M. BOULE. — La station quaternaire du Schweizersbild et les fouilles du Dr Nüesch, avec fig. et pl. (*Nouvelles archives des missions scientifiques et littéraires*, 1893).

[2] Voy. PENCK, BRÜCKNER et DU PASQUIER. — Le système glaciaire des Alpes. — Feuillet d'additions et corrections (Ext. *Bull. de la Soc. des Sciences nat. de Neufchâtel*, t. XXII, 1894.

[3] G. STEINMANN. — Das alter der paläolithischen Station vom Schweizersbid bei Schaffhausen... (*Berichte der Naturforschenden Gesellschaft zu Freiburg*, Band IX, 1894, p. 111).

[4] *Bull. Soc. hist. nat. de Toulouse*, 1867.

[5] *Ann. des Sc. nat.*, 4e série, zoologie, t. XVII, 1862.

[6] PIETTE. — Note sur le glacier quaternaire de la Garonne... (*Bull. Soc. géol. de France*, IIIe série, t. II, 1874, p. 498.

Quand on compare,non seulement la faune,mais encore la civilisation de l'âge du Renne en Suisse et en France, on constate de telles ressemblances et même de telles identités qu'il est impossible de ne pas admettre le synchronisme des gisements dans les deux pays [1].

2. TERRASSE SUPÉRIEURE OU TERRASSE DE 50 MÈTRES (a^{1-a})

Description. — Cette terrasse est bien développée dans la région qui nous occupe : elle n'est que rarement interrompue sur toute la rive gauche de la Garonne et de la Neste. Sur la rive droite, on n'en trouve que des lambeaux épars. On connaît la tendance, encore mal expliquée, qu'ont les cours d'eau, en particulier ceux de la région sous-pyrénéenne, de se porter vers leur droite.

La terrasse supérieure est toujours séparée de l'inférieure par un ressaut brusque ou talus, dont la constitution géologique varie suivant les points (calcaires et schistes crétacés ou argiles miocènes).

A Saint-Gaudens, elle forme un gradin large de deux kilomètres, d'une altitude moyenne de 400 m , et s'appuyant sur les collines miocènes (fig. 2).

Autour de la plaine de Valentine, elle a été enlevée en grande partie par les érosions ultérieures ; aussi est-elle réduite à un liseré discontinu ou à des lambeaux isolés par les ruisselets descendant des collines tertiaires.

Nous la retrouvons admirablement développée à Montréjeau,où elle forme une plaine unie de 465 à 480 m. d'altitude (pl. IV, fig. 7). A partir de cette localité elle se poursuit sans interruption sur la rive gauche de la Neste jusqu'au delà de Hèches, offrant ainsi un développement de près de 25 kilom. avec une largeur variant de 200 à 1800 mètres (pl. IV, fig. 2 à 6). Entre Lortet et Tuzaguet, elle décrit, comme la rivière elle-même, un arc de cercle de 90°.

Sur la rive droite de la Neste, que je suis loin d'avoir explorée complètement, je la connais au hameau de Gargas et j'ai déjà signalé, dans l'intérieur même de la grotte de ce nom, des alluvions ressemblant à celles de la terrasse supérieure et offrant des rapports stratigraphiques fort intéressants [2].

Dans la vallée de la Garonne, en amont du confluent de la Neste, Leymerie a figuré,comme se rapportant à la terrasse supérieure,les dépôts morainiques des territoires de Tibiran, Labroquère, Valcabrère, etc. Je ne crois pas qu'elle se retrouve en amont des formations glaciaires, mais je ne saurais être affirmatif avant d'avoir fait de nouvelles explorations dans la haute vallée de la Garonne.

On trouve presque partout de bonnes coupes pour étudier la terrasse supé-

---

[1] Ce que je viens de dire montre l'importance que présentent, au point de vue purement géologique, les cavernes ossifères et les grottes préhistoriques remontant à l'époque pléistocène. Il serait à désirer que ces gisements fussent figurés avec des signes spéciaux sur les feuilles de la carte géologique détaillée de la France.

[2] M. Boule. — Notes sur le remplissage des cavernes. (*L'Anthropologie*, t. III, 1892. p. 19).

rieure. De nombreuses tuileries, exploitant les argiles miocènes, sont établies à
la base du talus qui la raccorde avec la terrasse inférieure et les travaux entament à la fois ces argiles et les alluvions qui les surmontent (Valentine, près de
Saint-Gaudens, Montréjeau, Saint-Laurent-de-Neste, (fig. 4), etc.). Les tranchées
des routes et du chemin de fer procurent d'égales facilités.

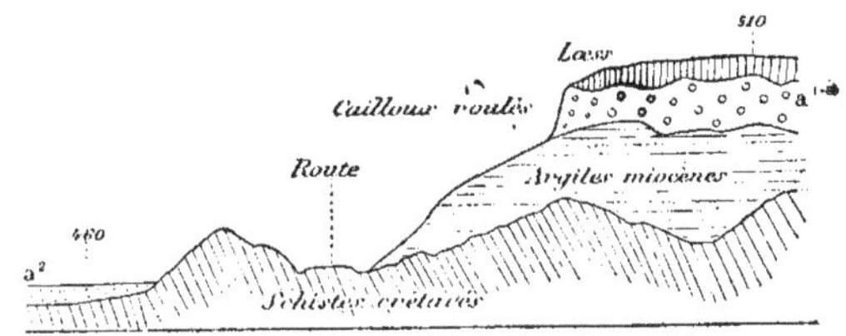

Fig. 4. — La terrasse supérieure près de Saint-Laurent-de-Neste.

L'alluvion qui forme la terrasse de 50 mètres a une épaisseur qui ne dépasse
pas 15 mètres. Elle se distingue nettement de l'alluvion inférieure, même de
loin, par sa couleur jaune rouille. Elle n'est pas aussi meuble ; parfois un ciment
ferrugineux la transforme en un conglomérat résistant.

Les éléments sont de grosseurs très différentes et bien que, dans l'ensemble,
ce soient les cailloux et les blocs roulés qui dominent, on observe souvent des
alternances de lits à gros cailloux, de graviers et même de sables. Les cailloux
ont parfois des dimensions considérables. Les blocs de quartzite de 0 m. 50 de
diamètre ne sont pas rares. La grosseur moyenne peut être comparée, comme
pour la terrasse inférieure, à la grosseur d'une tête humaine. La nature pétrographique des éléments est aussi la même, à peu de chose près, mais les schistes sont ici très altérés, les granites sont devenus tout à fait friables et les granulites sont presque toujours kaolinisées. Les blocs de quartzite, à patine profonde,
sont plus nombreux que dans le niveau inférieur.

Autre caractère important, ces alluvions sont souvent recouvertes par une
formation analogue à notre limon ou lœss du bassin de Paris. Ce limon paraît
s'être formé sous l'action des eaux de ruissellement qui ont comblé les cuvettes
ou points bas de la terrasse alluviale. Il offre les mêmes phénomènes de tubulures, la même disposition fendillée, les mêmes lits de cailloux qu'aux environs de Paris et dans tout le Nord de la France, mais ici, par suite de la nature
des terrains qui ont fourni les matériaux (argiles miocènes et alluvions), ce
dépôt est plus sableux et les lits de cailloux renferment des éléments bien
roulés.

La partie supérieure de ce lœss est très oxydée et présente des colorations pouvant aller jusqu'au rouge vif. Il en est de même de la partie supérieure de l'alluvion quand celle-ci est privée de la couverture de lœss.

Ces divers phénomènes dénotent des actions subaériennes intenses et longtemps prolongées.

Jusqu'à présent, je ne connais pas de lœss bien caractérisé sur la terrasse inférieure. Il semblerait donc que, dans les Pyrénées comme dans les Alpes, le loess soit propre à la terrasse supérieure (moyenne des Alpes) et que la terrasse inférieure, en relation intime avec la dernière époque glaciaire, en soit dépourvue. Les recherches ultérieures nous montreront si le fait est général.

Origine de la terrasse supérieure. — Evidemment l'origne de la terrasse supérieure est analogue à celle de la terrasse inférieure. Ce sont des eaux torrentielles qui ont formé ces puissantes nappes de cailloux roulés, à une époque où le fond de la vallée de la Garonne se trouvait à une altitude supérieure de 50 m. environ au fond de la vallée actuelle. Faute de n'avoir pas observé les caractères différentiels des terrasses, plusieurs auteurs, notamment M. Trutat [1], ont pensé que les cours d'eau quaternaires avaient coulé dans les vallées actuelles et que leurs alluvions avaient comblé ces vallées jusqu'à la hauteur maximum où les dépôts s'observent aujourd'hui. Ces savants n'ont pas tenu compte du talus miocène qui sépare les diverses plaines alluviales et dont la surface supérieure marque le niveau du fond de la vallée à l'époque de l'alluvionnement.

Le volume considérable des éléments, la présence, surtout vers l'amont, de blocs à peine roulés et ce que nous avons appris sur l'origine de la terrasse inférieure doivent nous porter à penser que la terrasse de 50 m. est ou a été en relation avec des moraines, qu'elle représente, elle aussi, une alluvion fluvioglaciaire plus ancienne que la première, comme cela s'observe dans les Alpes.

Penck a déclaré qu'il n'avait pas su distinguer, dans la chaîne pyrénéenne, des dépôts glaciaires de diverses époques ou du moins qu'il n'avait pu faire des coupes probantes à cet égard [2]. Le savant glaciériste de Vienne a bien signalé, dans la vallée d'Ossau, une zone de *moraines extérieures* et une zone de *moraines intérieures* séparées par des alluvions, mais c'est surtout par analogie qu'il a pu fournir des preuves indirectes de la multiplicité des extensions glaciaires, en comparant les terrasses alluviales des grandes vallées pyrénéennes avec celles des Alpes.

Jusqu'à présent, je n'ai moi-même pas reconnu de moraines correspondant à l'alluvion de la terrasse supérieure. En dehors du territoire glaciaire limité par les moraines frontales du fond des vallées actuelles, lesquelles représentent évidemment le produit de la dernière extension glaciaire, je connais bien quelques exemples de blocs erratiques, avec de belles surfaces polies, notamment dans la vallée de l'Arros, mais je ne saurais les rapporter à coup sûr à l'époque des terrasses supérieures plutôt qu'à celle des plateaux dont je parlerai tout à l'heure.

Et pourtant je n'hésite pas à considérer la terrasse de Saint-Gaudens, Montréjeau, Saint-Paul, Escala, comme une véritable alluvion fluvio-glaciaire, formée de la même manière que la terrasse inférieure et ayant eu, comme cette

---

[1] *Les Pyrénées*, p. 80.
[2] A. PENCK. — La période glaciaire dans les Pyrénées (traduit de l'allemand par L. Broemer. *Bull. Soc. hist. nat. de Toulouse*, t. XIX, p. 165.

dernière, son point de départ dans des moraines évidemment plus anciennes, celles-ci, que l'appareil glaciaire si frais et si bien conservé de Labroquère.

J'ai cherché à étudier la formation des terrasses de la Garonne en partant des lois de l'hydraulique. La puissance de transport des eaux courantes peut être représentée par leur vitesse. Or celle-ci peut s'exprimer par la formule suivante :

$$V = c\sqrt{Ri}$$

dans laquelle R représente le rapport de la superficie de la section au périmètre mouillé ou *rayon hydraulique* : *i* la pente par mètre, et *c* un coefficient qui varie avec la nature du lit et son degré de rugosité[1]. Nous savons, d'un autre côté, quelles sont les dimensions des matériaux transportables pour une vitesse donnée. Le transport d'un limon grossier, par exemple, exige une vitesse de 0 m. 15 ; le transport de grains de sable de rivière, 0 m. 30. Avec une vitesse de 1 m. 20, les cours d'eau roulent des cailloux de la grosseur d'un œuf ; avec 2 m des cailloux de 0 m. 20 de diamètre : à partir de 3 mètres, les gros blocs sont entraînés[2].

Ces éléments nous fournissent les moyens d'apprécier approximativement les conditions de dépôt des alluvions anciennes des vallées sous-pyrénéennes.

La pente moyenne de la terrasse supérieure, dans la région qui nous occupe, par exemple entre Saint-Laurent-de-Neste et Saint-Gaudens, est d'environ 0 m. 006 par mètre. La pente moyenne de la vallée actuelle est à peine différente : 0 m. 005. Celle du cours d'eau est beaucoup plus faible, à cause des méandres : 0.0035.

Avec de telles pentes et une masse d'eau comparable à celle de la Garonne ou de la Neste en temps ordinaire, les phénomènes de transport sont fort éloignés, comme intensité, de ceux dont témoignent les terrasses alluviales. Des deux facteurs qui entrent dans la formule, tout nous fait croire que le facteur représentant la masse liquide est le seul qui ait varié pendant les dernières périodes géologiques. L'hypothèse des mouvements du sol modifiant la pente des vallées, à laquelle, en dehors de preuves positives, on est trop porté, selon nous, à faire jouer un rôle dans l'explication de ces phénomènes, se prête mal à l'interprétation de plusieurs faits : la régularité et le parallélisme des terrasses ; la présence de ces gradins en nombre égal, avec les mêmes dispositions topographiques, dans les diverses vallées d'une chaîne de montagnes, même des vallées dirigées en sens contraire, etc.

Nous sommes donc amenés à augmenter le volume de la masse liquide pour expliquer les caractères physiques et la composition des terrasses et nous sommes conduits, par suite, à la conception, peut-être trop abandonnée aujourd'hui, de grandes inondations, de changements extraordinaires dans le régime des cours d'eau. Le calcul montre qu'il faut recourir à des crues formidables,

---

[1] M. de Lapparent (Traité de géologie, 3ᵉ édition, p. 173 a donné à ce coefficient la valeur moyenne 50, qui paraîtra plutôt un peu forte si l'on consulte les tableaux qui se trouvent dans les traités d'hydraulique.

[2] DE LAPPARENT. — Traité de géologie, 3ᵉ édit, p. 184.

comme celles dont la Garonne a fourni de nombreux exemples historiques, pour arriver à trouver des résultats de l'ordre de grandeur de ceux dont témoignent les terrasses. Ces changements, nous ne pouvons les expliquer, dans l'état actuel de la science, que par l'hypothèse glaciaire, par la fusion plus ou moins rapide de glaces entassées pendant des siècles dans les hautes vallées, par la dépense plus ou moins subite de l'énergie potentielle des précipitations atmosphériques accumulées sous une forme solide.

Age de la terrasse supérieure. — Je ne crois pas qu'on ait rencontré des fossiles dans les alluvions de la terrasse supérieure. Nous manquons donc de moyens directs pour en fixer l'âge. Qu'elle soit notablement plus ancienne que la terrasse inférieure, cela ressort de la topographie, de la stratigraphie, des caractères physiques de cette alluvion. L'altération profonde de ses éléments, le dépôt de lœss qui la surmonte témoignent d'une longue durée séparant la formation des deux terrasses.

En dehors de constatations plus précises, je dois encore rappeler certains faits qui permettent de sortir un peu du vague où nous laissent ces considérations et d'assigner au moins une limite inférieure à l'âge de cette formation.

En 1892 [1], j'ai eu l'occasion d'étudier la grotte de Gargas à propos des belles fouilles qu'y faisait M. Félix Regnault. La montagne de Gargas, dans laquelle la grotte est creusée, se trouve près du confluent de la Garonne et de la Neste, dans l'angle formé par les deux cours d'eau ; elle surgit brusquement au milieu des cailloux roulés et des dépôts morainiques qui l'entourent. La caverne est remplie par une argile jaune où se trouvent de nombreux ossements d'Ours et d'Hyène des cavernes, de Loup, de Lion, de Bison, de Rhinocéros à narines cloisonnées, etc. [2], c'est-à-dire une faune analogue à celle de la terrasse inférieure. Or, cette argile ravine profondément des dépôts de cailloux roulés identiques, par leurs caractères physiques, à ceux de la terrasse supérieure et d'ailleurs situés au même niveau, à quelques mètres près. Les alluvions de cette terrasse supérieure sont donc plus anciennes que la faune qui accompagne partout dans le Midi de la France l'*Ursus spelœus*. C'est une conclusion à laquelle on devait s'attendre, étant donnés les rapports topographiques des deux terrasses, mais qui trouve à Gargas une démonstration.

Certaines découvertes récentes de M. Harlé [3] peuvent aussi s'interpréter au même point de vue. M. Harlé a trouvé, dans la contrée qui nous occupe, deux gisements fossilifères caractérisés, non par la faune si répandue dans les Pyrénées et qui présente un ensemble d'espèces de climat froid, mais par une faune dénotant un climat chaud, ayant des affinités plutôt avec les espèces pliocènes

---

[1] *L'Anthropologie*, t. III, p. 19.

[2] Félix Regnault. — La grotte de Gargas. Ext. *Bull. Soc. hist. nat. de Toulouse*, 1883, et *Revue de Comminges*, livraison d'avril 1885. Albert Gaudry et Marcellin Boule. — Les oubliettes de Gargas. (*Matériaux pour l'histoire des temps quaternaires*, 4e fascicule, 1892).

[3] *Bull. Soc. hist. nat. de Toulouse*, séances des 17 février, 16 mars et 6 juillet 1893 ; *Bull. Soc. géol. de France*, 3e série, t. XXII, p. 234, 1894.

qu'avec les espèces quaternaires ou pléistocènes et rappelant la faune de nos gisements pléistocènes les plus anciens du bassin de Paris, Chelles, par exemple.

A Montoussé, près de Labarthe, sur la rive droite de la Neste, M. Harlé a signalé des brèches à ossements dans des fentes du calcaire crétacé. Ces brèches lui ont livré des restes assez nombreux du *Rhinoceros Merckii*, lequel est une forme très différente du *Rh. tichorhinus*. A Montsaunès, sur la rive droite de la Garonne, un gisement analogue renfermait les débris d'un singe, *Macacus Tolosanus*, Harlé ; d'un Ours différent de l'Ours des cavernes ; d'Hyène rayée (*Hyæna striata*) ; de *Rhinoceros Merckii* ; d'un Éléphant qui n'est pas le Mammouth et d'autres animaux que l'auteur n'a pas déterminés spécifiquement.

Il est intéressant de constater que les deux gisement sont situés à une altitude plus élevée que la terrasse supérieure qui se voit aux abords des deux localités. Il ne serait guère prudent de tirer des conclusions trop affirmatives de cette disposition. Mais on peut faire remarquer que si des faits analogues se multipliaient, ils nous permettraient de croire que cette faune *chaude* est contemporaine de l'époque pendant laquelle se déposaient les alluvions de la terrasse supérieure alors que la faune froide caractérise la terrasse inférieure. On sait que dans les Alpes, Du Pasquier rapporte à l'époque de l'*Elephas primigenius* la terrasse inférieure et à celle de l'*Elephas antiquus*, la terrasse moyenne, équivalent de notre terrasse supérieure.

II

ALLUVIONS DES PLATEAUX OU FORMATION DE LANNEMEZAN

La surface des plateaux sous-pyrénéens est occupée par une nouvelle formation détritique à laquelle on peut donner le nom d'une localité et d'une région où elle est bien développée.

Cette formation a été signalée par un grand nombre d'auteurs, mais elle n'a n'a jamais été décrite avec soin et précision [1]. Les données que je vais fournir ne sont applicables qu'à la région comprise entre l'Adour et la Neste, au sud du parallèle de Tournay, car c'est là seulement que je l'ai étudiée. La vallée de l'Arros divise cette région en deux parties très inégales : à l'est, le plateau de Lannemezan proprement dit [2]. qui occupe les trois quarts du territoire considéré ; à l'ouest, le plateau de Cieutat et d'Orignac (fig. 1).

---

[1] Parmi les auteurs qui sont entrés dans quelques détails descriptifs, on peut citer EDOUARD LARTET (Annuaire du département du Gers pour 1839) et CÉZANNE (Les torrents des Alpes par Surrell. 2ᵉ édition) Le sujet a été à peine effleuré par Leymerie.

[2] Par extension, les géographes appliquent parfois cette dénomination à toute la contrée comprise entre la Neste et l'Adour.

Topographie et relations stratigraphiques. — A son origine, près du village de Hèches, dans la vallée de la Neste, le plateau de Lannemezan, dont l'altitude est de 185 m., n'a que quelques centaines de mètres de largeur, et déjà ses formes topographiques, la couleur de son sol, l'aspect chétif de la végétation contrastent avec les montagnes environnantes. Sur 6 kilom. de longueur, sa largeur ne dépasse guère 1.500 à 2.000 mètres, mais à partir du signal de Labarthe, les deux bords du plateau divergent brusquement, le bord oriental prenant une direction parallèle à la Neste et le bord occidental se dirigeant vers l'Arros, en décrivant une courbe à peu près symétrique de la première. C'est le pays compris entre les branches de cette sorte de V qui constitue le plateau de Lannemezan proprement dit. Il est formé par une plaine unie, couverte de bruyères, d'ajoncs, de fougères, sans aucune habitation (pl. I). Plus au nord, quelques vallonnements très doux marquent les sources de la plupart des cours d'eau qui descendent en divergeant de cette région. Ils ne tardent pas à se creuser plus profondément et alors apparaissent des villages, des cultures, des bosquets de chênes ou de hêtres. Ces petites vallées offrent des paysages riants, tandis que la *lande* se retrouve à la surface des plaines élevées qui les séparent.

Cet aspect physique est étroitement lié à la formation géologique que nous allons étudier. Dans toute la région, en effet, les escarpements, les tranchées des voies de communication, les fossés d'irrigation montrent une terre rougeâtre, argileuse, avec de gros blocs. Ces derniers sont, en outre, répandus à profusion sur toute la surface du plateau. Les maisons et les murs de clôture en sont construits.

Le plateau qui supporte les villages de Cieutat et d'Orignac prend naissance sur la rive droite de l'Adour. Il ne présente pas un aspect aussi triste que celui de Lannemezan parce que son altitude moyenne est moindre, qu'il est découpé par des vallons plus profonds et que la formation détritique y est beaucoup moins épaisse. Celle-ci ne fait que recouvrir la partie supérieure des collines formées par des roches crétacées ou nummulitiques.

Sur le Lannemezan, le contact entre la formation détritique et les terrains plus anciens ne s'observe que sur la bordure du plateau, du côté des vallées profondes de la Neste et de l'Arros, ou bien à une certaine distance vers le nord, au fond des petites vallées divergentes.

Du côté oriental, c'est-à-dire vers la Neste, la terrasse supérieure paraît buter presque partout contre l'alluvion des plateaux formant le talus de raccordement. Pourtant, au hameau de Ribarouy, près de son origine, le plateau est séparé de la terrasse supérieure par un talus de schistes crétacés (pl. IV, fig. 5). Il est probable que si les terrains anciens ne sont pas visibles sur bien des points où le talus est en pente douce, cela tient à ce que ces terrains sont cachés par des éboulis ou des produits de ruissellement.

Dans les vallons au nord de Montréjean, aux Tourcilles, par exemple, l'alluvion repose sur les argiles miocènes, tandis que dans les vallons situés au nord et à l'est de Lannemezan (Franquevielle, Lécussan), on voit affleurer, au-dessous de l'alluvion, des marnes blanches, crétacées ou éocènes, qui sont exploitées pour l'amendement des terres [1]. Dans toute cette contrée, la base de la formation se trouve à des altitudes comprises entre 640 m. (à Hèches, origine du plateau) et 520 ou 500 mètres (Les Toureilles, Lécussan).

Du côté de l'Arros, le plateau de Lannemezan présente des bords plus escarpés; ses contours sont beaucoup plus découpés et le contact avec les formations sous-jacentes s'observe partout sur le territoire des communes de La Bastide, Avezac-Prat, Tilhouse, Capvern, etc.

A Mauvezin, l'alluvion recouvre des schistes crétacés à 500 mètres d'altitude. Dans le ravin de Capvern, le contact a lieu également par 500 m. Plus au nord, ce chiffre s'abaisse brusquement, à tel point que vers Lanespède et Ozon, les flancs des vallées sont entièrement constitués par l'alluvion et que la voie ferrée passe, sans quitter les cailloux roulés, de la côte 612, près de la station de Lannemezan à la cote 260, près de Tournay.

Un fait analogue s'observe dans la région comprise entre l'Arros et l'Adour. Au-dessus de Bagnères-de-Bigorre, le contact est à 640 m. environ. Sur le parallèle d'Orignac et de Cieutat, il se maintient à 520 m. environ. Au Nord de ces localités la formation acquiert brusquement une épaisseur énorme, de sorte par exemple que les tranchées de la route descendant d'Oléac à Tournay la montrent sur tout le trajet, c'est-à-dire sur une échelle verticale de 228 mètres (pl. IV, fig. 8).

Cette chute brusque de la base de la formation de Lannemezan, suivant le parallèle Oléac-Lanespède, ne peut guère s'expliquer que de deux manières. Ou bien on confond l'alluvion des plateaux avec l'argile miocène sur laquelle elle repose ; c'est un point sur lequel je reviendrai tout à l'heure. Ou bien il faut invoquer un affaissement général de la plaine sous-pyrénéenne au pied des derniers contreforts montagneux. Des recherches ultérieures nous permettront peut-être d'éclairer cette question intéressante.

Description pétrographique. — On trouve un peu partout des coupes permettant d'étudier la formation détritique des plateaux. Le chemin de fer, notamment, présente de belles tranchées. Au premier abord, on ne voit qu'une argile jaune ferrugineuse, englobant des blocs plus ou moins volumineux. Un examen plus attentif montre que, loin de s'être déposée telle quelle, cette argile résulte, au moins en grande partie, de la décomposition d'éléments beaucoup plus grossiers, graviers et cailloux roulés.

Si l'on rafraîchit, au moyen d'une pioche ou d'un marteau, une coupe qui paraît ne présenter que de l'argile, on observe que la masse a été constituée autrefois par des amas de cailloux roulés, tout comme les alluvions plus récentes des vallées. Mais la plupart de ces cailloux sont tellement altérés qu'ils sont réduits à l'état d'une sorte de bouillie argileuse. On ne les reconnaît plus qu'aux nuances différentes que présentent leurs sections arrondies. Cézanne [2] a déjà fait

---

[1] A ma connaissance, ces affleurements, qui paraissent représenter la continuation du système des Petites-Pyrénées, n'avaient pas encore été signalés.

[2] Les Torrents des Alpes, 2e édit., t. II, p. 320.

remarquer que cette formation se laisse parfois couper comme du beurre ou plutôt du nougat, chaque caillou laissant encore reconnaître, malgré sa décomposition, la roche d'où il a été arraché.

Les seuls éléments conservés sont des quartzites. Encore sont-ils fortement patinés et présentent-ils une altération physique qui pénètre à une certaine profondeur, le centre, gris ou verdâtre, étant resté intact, tandis que la périphérie présente des tons mauve, rouge ou lie de vin [1]. Avec les quartzites, on trouve parfois, mais rarement, des cailloux de quartz et des poudingues empruntés aux terrains primaires.

Ces cailloux, assez nombreux au sein même de la formation, sont encore plus répandus à la surface du sol, où ils représentent le résidu du lessivage des argiles qui les englobaient. Leur abondance et leurs caractères si uniformes frapperont tous les géologues ou voyageurs qui parcourront ces contrées. J'ai eu l'occasion de les signaler, à l'état remanié, dans les alluvions des terrasses.

La grosseur des cailloux varie beaucoup suivant les régions. Les plus volumineux, peuvent dépasser un mètre cube. Ils ne sont pas rares, non seulement à l'origine du plateau vers Hèches et La Bastide, mais encore beaucoup plus vers le nord, aux environs de Gourgues et de Chelle. Leurs dimensions sont moindres aux abords de Lannemezan et au nord de cette localité où la grosseur moyenne peut être comparée à celle d'une tête humaine. Leur volume diminue de plus en plus à mesure qu'on s'avance vers le nord.

Ils sont généralement bien roulés mais il n'est pas rare d'en observer avec des arêtes vives ou peu émoussées dans les régions où ils offrent de grandes dimensions. Certains ont une partie de leur surface arrondie ou polie tandis que l'autre partie est à pans coupés. Ces derniers offrent ainsi l'aspect de certains blocs des moraines glaciaires.

Toute la formation de Lannemezan n'a pas été exclusivement formée de cailloux roulés. On y remarque parfois des lits de gravier, de sable plus ou moins fin et même des lentilles d'argiles qui paraissent bien avoir été déposées dans l'état où nous les voyons actuellement. Quand un gisement ne montre que ce dernier faciès, il est bien difficile de distinguer ce terrain des argiles miocènes. À ce point de vue, je signalerai les tranchées du chemin de fer aux environs de Péré et celles de la route aux environs d'Oléac.

Origine de la formation. — La plupart des auteurs qui ont eu l'occasion d'exprimer une opinion sur l'origine de ce terrain ne l'ont fait qu'en termes fort vagues et sans fournir de preuves à l'appui.

---

[1] J'ai fait tailler quelques plaques minces de ces quartzites qui paraissent provenir surtout du Dévonien, et aussi, d'après ce m'a dit M. Roussel, du Permo-carbonifère. Le microscope ne montre guère que du quartz, avec quelques grains de fer oxydulé, de fer titané, quelques fragments de mica et de tourmaline, quelques cristaux épars de zircon. Les cristaux de quartz ont des formes très irrégulières ; ils sont parfois

Dès 1865, M. Garrigou[1] parla de certains terrains de l'Ariège, ayant des ressemblances avec ceux de Lannemezan et il les attribua à l'action de glaciers miocènes.

En 1866, M. Stuart-Menteath[2] considéra également comme d'origine glaciaire et fit remonter à la même époque une formation analogue des environs de Pau.

Un an plus tard, Baysselance[3] étendit cette conclusion aux plateaux de Lannemezan et du Ger ; il crut remarquer que ces plateaux aboutissent à des massifs montagneux au lieu de se rattacher à d'anciennes vallées.

Quelque temps après, de Nansouty[4], voulant démontrer que le glacier d'Argelès, étudié par Martins et Collomb, avait poussé ses moraines au-delà des limites attribuées par ces savants, parle des blocs de quartzite répandus dans toute la région.

La même année, Magnan[5] dit avoir observé des phénomènes permettant d'affirmer l'existence d'un ancien et immense glacier, dont les moraines latérales et profondes ont été démantelées presque partout. « C'est au nord et à l'ouest de Montréjeau, dit-il, dans le grand plateau de Lannemezan, qu'il faut chercher la vraie moraine frontale des anciens glaciers réunis de la Garonne et de la Neste ». Un peu plus loin il considère la formation de Lannemezan comme du glaciaire remanié pendant l'époque pliocène.

Cézanne[6] a donné une description assez longue des formations détritiques sous-pyrénéennes. Il regarde les plateaux de Lannemezan, d'Orignac et du Ger comme trois vastes cônes de déjections torrentielles se recouvrant partiellement et *interférant* suivant des lignes de dépression où coulent actuellement l'Arros et l'Adour. Il attribue ces dépôts — qu'il qualifie de *lœss* — à d'anciens glaciers. Malheureusement, à l'appui de cette assertion, il décrit des moraines quaternaires déposées dans des vallées actuelles, tout-à-fait en dehors des plateaux (moraines de Sainte-Marie et de Gripp dans la haute vallée de l'Adour, moraines de Lourdes dans la vallée du Gave de Pau).

En 1873, M. Garrigou[7] insiste sur les caractères morainiques des dépôts de Lan-

---

frangés sur les bords et séparés par des vides remplis de particules quartzeuses, de produits chloriteux et d'un ciment siliceux non cristallisé. Dans d'autres cas, les cristaux de quartz se moulent exactement les uns sur les autres et ne sont limités que par une ligne verdâtre, suivant laquelle s'alignent de fines paillettes chloriteuses. Dans ce cas le ciment siliceux a cristallisé en épousant l'orientation optique des grains enveloppés.

[1] *Bull. Soc. géol. de France*, 2ᵉ série, t. XXII et XXIV.
[2] *Bull. de la Société Ramond*, 1866, p. 119, et *Bull. Soc. géol. de France*, 2ᵉ série, t. XXV.
[3] *Bull. de la Soc. Ramond*, 1867, p. 89.
[4] *Bull. de la Soc. Ramond*, 1870, p. 71.
[5] *Bull. de la Soc. d'hist. nat. de Toulouse*, t. IV. 1870, p. 33 et p. 120.
[6] SURELL et CÉZANNE. — Les torrents des Hautes-Alpes, 2ᵉ édition, tome II, par Cézanne, 1872.
[7] GARRIGOU. — Résumé géologique accompagnant la carte géologique de l'Ariège, de la Haute-Garonne, etc. (*Bull. Soc. géol. de France*, 3ᵉ série, t. I, p. 418. — Voyez aussi : Les glaciers anciens et récents des Pyrénées, br. in-8. Toulouse, 1876. — Sur les anciens glaciers des Pyrénées (*Bull. Soc. hist. nat. de Toulouse*, 1878).

nemezan ; il croit avoir observé à leur base une certaine localisation des grands blocs erratiques. Il n'hésite pas à dire que cette formation glaciaire passe sous des terrains stratifiés ayant fourni, sur plusieurs points, des fossiles se rapportant au Miocène (*Mastodon angustidens*, *Dinotherium*, *Dicrocerus*, etc.). En s'éloignant de la chaîne vers le nord, ces assises argilo-sableuses se transforment en couches marneuses et calcaires, identiques à celles qui constituent la célèbre colline de Sansan. La formation de Lannemezan serait donc tout au plus miocène pour M. Garrigou.

Dans son étude sur le glacier quaternaire de la Garonne, M. Piette[1] s'exprime ainsi : « Il est très difficile d'expliquer l'immense amas d'argile, de blocs et de cailloux roulés que forme le plateau de Lannemezan par la seule action de puissantes rivières dont le cours n'aurait jamais pu avoir plus de 60 kilomètres depuis le faîte de la chaîne jusqu'aux lieux où se faisait le dépôt. Il me semble plus rationnel d'admettre que ce plateau doit ses éléments aux matériaux fournis par de vastes m raines que les eaux ont remaniées. »

On a pu voir, par la description que j'en ai donnée plus haut, que les terrains du plateau de Lannemezan présentent tous les caractères d'une alluvion torrentielle, ne différant de l'alluvion des terrasses que par sa disposition topographique et par l'altération beaucoup plus profonde de ses éléments. Les vastes plateaux situés entre la Neste, l'Adour, le Gave de Pau sont donc bien, comme l'a dit Cézanne, d'immenses cônes de déjection.

Contrairement à l'assertion de M. Baysselance, ces cônes de déjection se rattachent nettement à des vallées anciennes correspondant. au moins en partie, à des vallées actuelles. C'est ainsi qu'il existe une relation très nette entre le plateau de Lannemezan et la vallée de la Neste. Cette relation ressort d'abord des dispositions topographiques qu'on peut observer à l'origine du plateau. Lorsqu'on se rend du pays des Baronies, dans la haute vallée de l'Arros, à Hèche, dans la vallée de la Neste et qu'on arrive au col de la Coupe, on jouit d'un remarquable panorama (pl. III). On domine directement l'origine du plateau et l'on voit nettement que sa surface occupe une position en contre-bas d'une ceinture de montagnes continuant les flancs de la vallée de la Neste. La ligne horizontale qui profile le plateau, la coloration rouge des terres, le ton violet des broussailles de la lande donnent lieu à un contraste frappant avec les contours escarpés des montagnes, le gris clair des calcaires qui forment celles-ci et le vert sombre des forêts qui les recouvrent.

La série de coupes (Pl. IV fig. 2 à 6) montre cette disposition et comment le plateau, qui forme vers le nord la partie la plus élevée de la région, se trouve peu à peu entouré de montagnes qui le dominent.

On peut invoquer d'autres preuves en faveur d'une liaison étroite entre la formation détritique des plateaux et la vallée de la Neste. Lorsqu'on remonte celle-ci au delà du point où commence le plateau, l'alluvion ne se trouve plus en place mais de tous les côtés on voit encore de gros blocs de quartzite avec

[1] *Bull. Soc. géol. de France.* 3ᵉ série. t. **II**, p. 499.

leur patine si caractéristique. Ces gros blocs sont très abondants, dans le
village même de Hèche et on les retrouve, encore plus loin vers l'amont, dans
des alluvions évidemment quaternaires, mêlés à des granites et des calcaires
dépourvus de toute altération (pl. IV, fig. 6). Ne faut-il pas voir, dans ce phénomène, la preuve que la formation du plateau de Lannemezan se prolongeait
autrefois dans l'intérieur même de la vallée d'Aure et qu'il faut attribuer sa
disparition à des érosions ultérieures ?

Les observations que j'ai présentées au sujet de la puissance de transport
dont témoignent les alluvions des terrasses sont applicables aux alluvions des
plateaux. Si l'on calcule la pente moyenne de la surface de contact de la formation de Lannenezan avec les terrains sous-jacents, par exemple entre l'origine du
plateau et Capvern-les-Bains, nous trouvons 0 m. 116 par mètre, la distance entre les deux points étant prise en ligne droite ; entre l'origine et Lécussan, au
nord de Lannemezan : 0 m. 007 ; de l'origine au point le plus bas, au-delà de la
chute brusque dont j'ai parlé, à Lanespède, par exemple : 0 m. 025 [1].

Ces divers nombres, y compris le dernier, qui est certainement un maximum, bien que notablement plus élevés que ceux des terrasses, ne suffisent pas
à eux seuls, pour expliquer le volume énorme des éléments alluviaux. Nous
sommes donc encore amenés à invoquer l'action de masses d'eau considérables
et à recourir à l'hypothèse glaciaire mais, plus heureux pour l'alluvion des plateaux que pour l'alluvion de la terrasse supérieure, nous pouvons apporter ici
des preuves directes à l'appui de cette hypothèse.

Certes le Lannemezan ne présente aucun des traits caractéristiques du paysage
glaciaire. Il offre, au suprême degré, la topographie d'une plaine alluviale. Le
terrain qui le constitue n'a pas non plus la composition ni les caractères des
dépôts morainiques. Je ne saurais donc partager l'opinion des auteurs qui ont
considéré la formation de Lannenezan comme représentant d'immenses moraines frontales ou profondes. Par contre, il est certain que la grosseur parfois
extraordinaire des blocs, la présence incontestable, surtout vers la montagne
ainsi qu'aux environs de Gourgue et de Chelle, de blocs à peine dégrossis ou
bien présentant, à côté de faces arrondies, des arêtes vives, sont des caractères de formations fluvio-glaciaires. Comme pour arriver à leur gisement actuel, ces blocs de quartzite, à arêtes vives, ont dû franchir de longues distan-
ces, traverser toute la partie calcaire des Pyrénées, leur présence, sur les plateaux de Lannemezan, ne peut s'expliquer que par un transport glaciaire. Il est
clair que ce sont de vrais blocs erratiques Si l'on ne voit pas sur ces blocs les
stries ordinaires, cela ne doit pas étonner, étant données leur nature siliceuse
et l'altération de leur surface. De grands blocs de granite gneissique ou de
gneiss à gros éléments peuvent s'observer au-dessous du hameau d'Artiguery,
au milieu d'un amas de cailloux de quartzite. L'un deux n'a pas moins de

---

[1] Une évaluation analogue avait déjà été faite par Cézanne qui a calculé la pente de
l'arête médiane du « cône de déjection » sur une longueur de 20 kilom. à partir du
sommet. Ce procédé était évidemment défectueux.

15 à 20 mètres cubes. Un autre, moins grand, est représenté dans la planche II.
Ils offrent de beaux polis. Je n'ose affirmer de la façon la plus absolue qu'ils
appartiennent à la formation de Lannemezan bien qu'ils se trouvent avec les
quartzites et dans un territoire situé en dehors de la zone d'action des glaciers
quaternaires, mais il m'a paru important de les signaler.

En résumé, je crois qu'on doit considérer la formation détritique de Lannemezan et des plateaux voisins comme représentant un cône de déjections torrentielles, ou cône fluvio-glaciaire, formé au débouché d'une grande vallée dont les
principaux linéaments ou la direction générale devaient concorder à peu près
avec ceux de la vallée d'Aure actuelle. La plupart des éléments ont été trans-
portés par des eaux courantes dont le volume devait être énorme, plus énorme
encore que le volume nécessité par les terrasses. Mais une partie de ces éléments, particulièrement volumineux et présentant des arêtes vives, proviennent
nécessairement de moraines correspondant à une extension glaciaire n'ayant
rien de commun avec les dépôts erratiques des vallées actuelles et beaucoup plus ancienne que ceux-ci.

Age de la formation. — Nous avons déjà vu que M. Garrigou regarde les
dépôts de Lannemezan comme un faciès particulier du Miocène sous-pyrénéen ;
notre aimable et savant confrère a même cru pouvoir affirmer que ces dépôts
passaient latéralement à des couches situées au-dessous de celles de Sansan.

Dans leur carte géologique de la France, Dufrénoy et Elie de Beaumont ont
donné à ce *diluvium des plateaux* la notation P et l'ont colorié comme pliocène.

Les autres auteurs l'ont rapporté vaguement tantôt au Tertiaire tantôt au
Quaternaire.

Le malheur, c'est qu'à ma connaissance on n'a jamais trouvé de fossiles dans
ce terrain. Il est donc très difficile d'en préciser l'âge. Mais certaines observations peuvent permettre de resserrer la question dans des limites précises.

Il faut d'abord remarquer que la faune chaude du Quaternaire le plus ancien,
dont il a été question à propos de la terrasse supérieure, a été trouvée dans des
fentes de rochers, sur des flancs de vallées creusées après le dépôt des alluvions
des plateaux. Le fait est des plus clairs à Montoussé : il est évident à Montsaunès, où le gisement fossilifère se trouve directement en contre-bas du sommet d'une colline recouverte par ce dépôt. Celui-ci est donc notablement anté-
rieur au développement de la faune des brèches, laquelle appartient au
Quaternaire tout à fait inférieur. Il est donc au moins pliocène.

Cherchons maintenant à fixer une limite supérieure. Là où elle ne repose pas
sur les terrains crétacés ou éocènes, la formation de Lannemezan recouvre directement les argiles miocènes, dont l'âge est bien connu, grâce aux recherches
de nombreux naturalistes. Ces argiles, exploitées par des briqueteries, ont livré,
dans une foule de localités, des ossements de Mammifères fossiles, notamment à
Valentine, près de Saint-Gaudens, à Montréjeau, à Saint-Laurent-de-Neste, etc.
C'est à Valentine que M. Félix Regnault a trouvé, il y a quelques années, la
belle mâchoire de *Dryopithecus*, étudiée par M. Gaudry. Les autres espèces

sont, en grande partie, celles qui caractérisent le gisement de Sansan, célèbre par les recherches d'Edouard Lartet et de M. Filhol et qui appartiennent au Miocène moyen.

Un premier point est acquis : c'est que la formation de Lannemezan, loin de passer, comme le croit M. Garrigou, sous les couches à faune mammalogique de Sansan est superposée à ces couches. Il faut remarquer de plus que les gisements de Mammifères que j'ai cités tout à l'heure appartiennent tous à la base de la formation miocène et que les niveaux fossilifères sont surmontés par une assez forte épaisseur d'argiles, 80 mètres par exemple, qui séparent les couches à ossements de la formation détritique couronnant l'ensemble.

Le gisement d'Orignac, près de Bagnères-de-Bigorre, nous apprend d'ailleurs qu'une faune, ayant un cachet un peu moins ancien que celle de Sansan, est nettement antérieure à la formation de Lannemezan.

Orignac est bâti sur un plateau couronné par l'argile jaune à quartzites (pl. IV, fig. 8). On a exploité autrefois un gisement de lignites de 50 m. environ en contre-bas du sommet du plateau, sur le flanc gauche de la petite vallée de l'Arrêt. Des ossements furent trouvés dans les lignites et Virlet d'Aoust annonça leur découverte à la Société géologique de France[1]. Ces ossements, déterminés par Edouard Lartet, se trouvent, au moins en partie, à Bagnères-de-Bigorre, dans la collection de M. Frossard, qui a bien voulu me les montrer. Voici leur énumération, d'après la liste donnée par Virlet d'Aoust, et les observations que j'ai pu faire chez M. Frossard :

> *Dinotherium* : une molaire.
> *Rhinoceros Schleiermacheri*, Kaup : plusieurs molaires supérieures, plusieurs molaires inférieures : un fragment de radius.
> *Chalicotherium Goldfussi*, Kaup : une molaire inférieure.
> *Tapirus priscus*, Kaup : molaires supérieures et inférieures.
> *Hipparion*... astragales.
> *Hyœmoschus crassus*, Lartet (*Dorcatherium Naui*, Kaup) : une mandibule, un humérus, un métacarpien.
> *Cervus dicranocerus*, Kaup : bois.
> *Castor (Steneofiber) Jægeri*, Kaup : une molaire inférieure.

A cette liste, il faut ajouter des restes de Mastodontes trouvés par M. Vaussenat et quelques débris d'une espèce nouvelle d'Ours recueillis par M. Garrigou. Il m'a été impossible de retrouver ces derniers échantillons.

Cette énumération dénote une faune un peu différente de celle de Sansan et plus voisine que celle-ci du Miocène supérieur. Toutes les espèces qui la composent font partie, en effet, de la faune d'Eppelsheim, laquelle est caractérisée par la coexistence de nombreux types du Miocène moyen et de formes nouvelles comme l'*Hipparion*. Il est donc très important de se rendre compte de la stratigraphie du

---

[1] *Bull. Soc. géol. de France*, 2ᵉ série, t. XXII, 1864-65, p. 318.

plateau d'Orignac. Actuellement cela est très difficile. Il ne reste plus que des traces de l'ancienne exploitation : quelques murs ruinés et quelques déblais envahis par la végétation. Entre le point où débouchaient les anciennes galeries et le village d'Orignac s'étendent des prairies qui ne permettent pas la moindre observation. Heureusement, nous possédons un travail très documenté de M. Debette [1] sur les mines de lignite d'Orignac. Il y a, dans ce mémoire, un plan et des coupes dressés d'après de nombreux sondages, et dont le détail, des plus instructifs, permet d'établir l'allure du gisement de la façon la plus nette. C'est ainsi qu'un sondage pratiqué près de l'église n'a atteint le lignite qu'à une profondeur de 40 mètres, c'est-à-dire à la cote 508, après avoir traversé 27 mètres d'argile jaune et 12 m. d'argile grise. Comme le terrain nummulitique affleure à 500 mètres au sud d'Orignac, à la cote 530 environ et le poudingue de Palassur à 600 m. vers le nord à la cote 540, il s'en suit que lignites et argiles remplissent une cuvette creusée dans le terrain éocène. D'autres sondages rapportés par M. Debette et mes propres observations montrent que les couches du Miocène supérieur sont recouvertes par l'argile à blocs de quartzite, laquelle, nettement transgressive, s'étend sur toute la région et recouvre directement le Crétacé au sud d'Orignac.

La formation de Lannemezan est donc plus récente que les couches renfermant la faune du Miocène supérieur, c'est-à-dire la faune d'Eppelsheim, de Pikermi, etc., qu'on rapporte au terme le plus élevé du Miocène. Plus récente que le Miocène supérieur et plus ancienne que le Quaternaire inférieur, cette formation est donc pliocène.

Il est impossible, dans l'état actuel de nos connaissances, de préciser davantage.

On peut encore se demander si la formation de Lannemezan est tout à fait indépendante de la masse argileuse et mollassique du Miocène ou si elle n'en est que la partie supérieure. J'ai déjà fait remarquer combien il est difficile parfois de séparer les deux terrains quand ils sont en superposition directe et j'ai signalé des localités où la séparation m'a paru impossible. Il n'en reste pas moins démontré que les alluvions à gros blocs, qu'elles représentent ou non la partie supérieure des argiles miocènes, qu'elles en soient ou non la continuation directe, sont nettement transgressives par rapport à celles-ci et qu'à Orignac la formation détritique des plateaux est postérieure aux couches du Miocène supérieur.

[1] PH. DEBETTE. Notice sur les mines de la Bigorre (*Ann. des Mines*, 5e série, t. IV, p. 91).

RÉSUMÉ

Ce mémoire a pour but de faire connaître les alluvions anciennes qui recouvrent le plateau de Lannemezan ainsi que les alluvions anciennes disposées en terrasses sur les flancs des vallées de la Garonne et de la Neste.

La terrasse inférieure de la vallée de la Garonne se relie nettement, par l'intermédiaire d'un *cône fluvio-glaciaire*, aux moraines quaternaires de Labroquère. Son âge.et par suite l'âge de la dernière époque glaciaire dans les Pyrénées, est indiqué par de nombreux fossiles de la faune à *Elephas primigenius*. L'âge du Renne, avec sa civilisation humaine si particulière, est nettement postérieur au recul des derniers grands glaciers.

La terrasse supérieure présente des caractères d'altération et une couverture de lœss qui dénotent une bien plus grande antiquité. Tout semble indiquer que cette terrasse correspond à une phase d'extension glaciaire plus ancienne que celle dont je viens de parler, mais nous ne connaissons pas encore les moraines qui représentent cette extension. Certaines découvertes paléontologiques portent à penser que la terrasse supérieure remonte au Pléistocène le plus inférieur.

La surface des plateaux de Lannemezan, d'Orignac, etc., est recouverte d'un manteau épais d'alluvions à très gros éléments. La plupart de ces éléments ont disparu par décomposition ; seuls de nombreux blocs de quartzite ont résisté.

Cette alluvion représente des cônes de déjections torrentielles édifiés à la sortie de vallées anciennes dont la direction générale devait concorder à peu près avec celle des grandes vallées actuelles Le fait est très facile à démontrer pour le plateau de Lannemezan dont les relations étaient avec la vallée d'Aure ou de la Neste. La présence de gros blocs erratiques peu ou point roulés et provenant des terrains primaires de la chaîne permet d'affirmer que les glaciers ont dû jouer un rôle dans la formation de ces dépôts des plateaux.

Leur âge est compris entre le Quaternaire le plus ancien et le Miocène supépérieur. Ils sont donc pliocènes. Il n'est pas possible de préciser davantage dans l'état actuel de nos connaissances.

Sohier et Campy, 33, rue Hallé. — Paris   Cartailhac phot.

Bloc erratique du plateau de Lannemezan

Vue du Plateau de Lannemezan et de la Vallée d'Aure

(d'après une aquarelle de l'auteur)

Montagne de Lortet.

Point 685.   Pic de Pinès).

...AN VU DU COL DE LA COUPE.

...Cartailhac et un croquis de l'auteur.

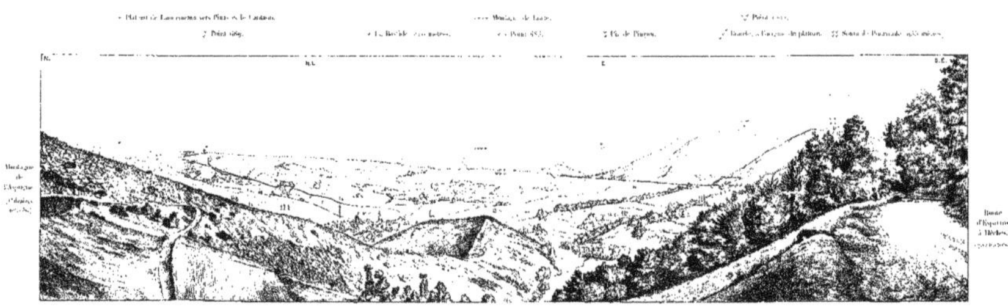

LE PLATEAU DE LANNEMEZAN VU DU COL DE LA COUPE.

D'après des photographies de M. ... et un croquis de l'auteur.

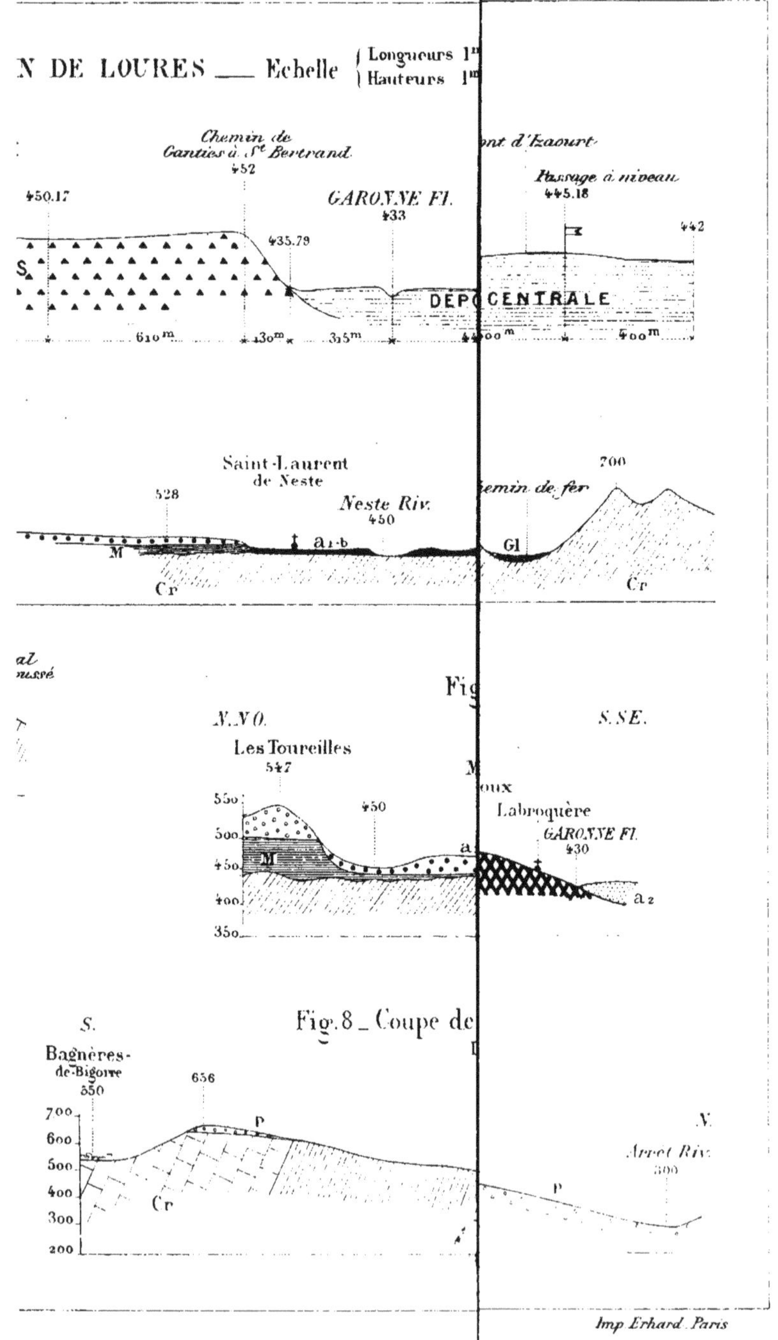
N DE LOURES — Echelle { Longueurs 1ᵐ
Hauteurs 1ᵐ
Chemin de
Ganties à St Bertrand
452
450.17
GARONNE Fl.
433
ont d'Izaourt
Passage à niveau
445.18
442
435.79
S
DEP CENTRALE
610ᵐ   130ᵐ   315ᵐ   400ᵐ   400ᵐ
Saint-Laurent
de Neste
Neste Riv.
450
700
528
emin de fer
M   a₁b   Gl
Cr   Cr
al
nissé
N.N.O.   S.S.E.
Les Toureilles
547
oux
Labroquère
GARONNE Fl.
430
550
500   450
M   a₁
450
400   a₂
350
Fig. 8 _ Coupe de
S.
Bagnères-
de-Bigorre
350   656
700   P   N.
600   Arret Riv.
500   500
400   P
300   Cr
200

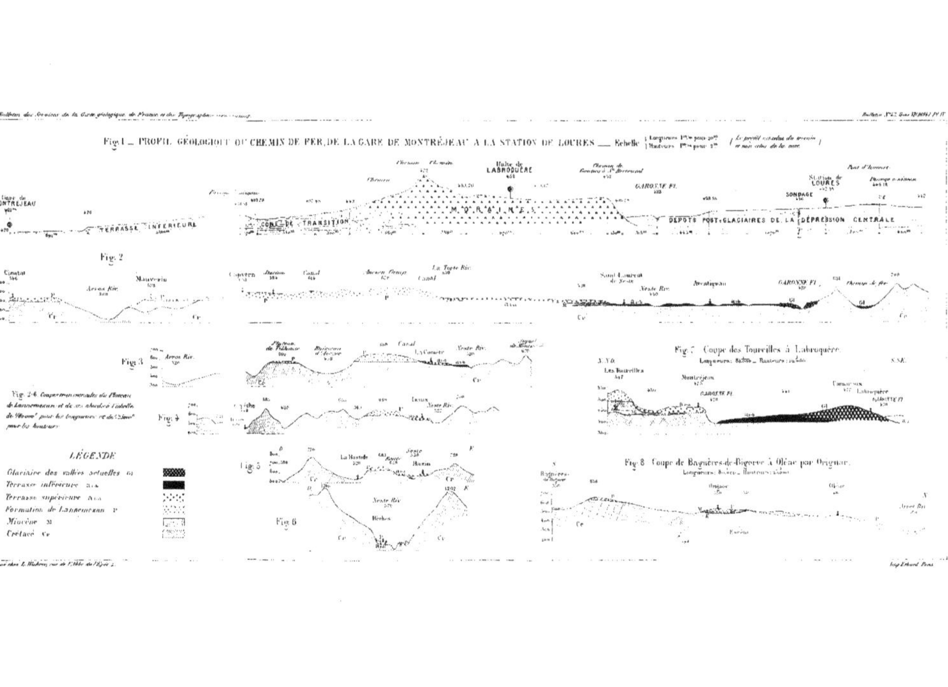
Fig.1 — PROFIL GÉOLOGIQUE DU CHEMIN DE FER, DE LA GARE DE MONTRÉJEAU A LA STATION DE LOURES — Echelle
Halte de LABROQUÈRE
GARONNE Fl.
Station de LOURES
SONDAGE
Gare de MONTRÉJEAU
TERRASSE INFÉRIEURE
CÔNE DE TRANSITION
M O R A I N E S
DÉPOTS POST-GLACIAIRES DE LA DÉPRESSION CENTRALE
Fig. 2
Cignax
Mauvezin
Arros Riv.
Cazères
Canal
La Tuge Riv.
Saint Laurent de Neste
Neste Riv.
Avezac
GARONNE Fl.
Chemin de fer
Fig. 3
Arros Riv.
Fig. 4
Canal
Neste Riv.
Fig. 7   Coupe des Tourreilles à Labroquère.
N.N.O.   Les Bourville   Montrejeau   GARONNE Fl.   Labroquère   S.S.E.
LÉGENDE
Glaciaire des vallées actuelles
Terrasse inférieure
Terrasse supérieure
Formation de Lannemezan
Miocène
Crétacé
Fig. 5
La Bastide
Neste Riv.
Fig. 6
Fig. 8   Coupe de Bagnères-de-Bigorre à Oléac par Orignac.
Bagnères-de-Bigorre   Orignac   Oléac   Arros Riv.

9 782329 439822